Nasim Ahmad Ansari

Avaliação de base da flora e da fauna da zona húmida de Surajpur, Índia

Nasim Ahmad Ansari

Avaliação de base da flora e da fauna da zona húmida de Surajpur, Índia

Informação de base sobre a composição da vegetação e a diversidade aviária na zona húmida de Surajpur, Greater Noida, Índia

ScienciaScripts

Cover image: www.ingimage.com

This book is a translation from the original published under ISBN 978-3-659-85749-2.

Publisher:
Sciencia Scripts
is a trademark of
Dodo Books Indian Ocean Ltd. and OmniScriptum S.R.L publishing group

120 High Road, East Finchley, London, N2 9ED, United Kingdom
Str. Armeneasca 28/1, office 1, Chisinau MD-2012, Republic of Moldova, Europe
Printed at: see last page
ISBN: 978-620-8-29888-3

AGRADECIMENTOS / *Estou muito grato a todos aqueles que, direta ou indiretamente, deram o seu apoio para a realização da minha dissertação.*

Antes de mais, gostaria de agradecer ao meu supervisor, Dr. Satish Kumar, do Departamento de Ciências da Vida Selvagem da A.M.U., pelo seu inestimável apoio e orientação durante o período de estudo.

Antes de mais, gostaria de agradecer ao WWF-Índia por ter financiado o estudo e disponibilizado as instalações necessárias para a realização do mesmo. Os meus agradecimentos especiais são devidos ao Sr. Ravi Singh (SG & CEO) WWF-Índia e ao Dr. Parikshit Gautam, Diretor da Divisão de Zonas Húmidas de Água Doce do WWF-Índia, por me terem dado a oportunidade de trabalhar nas zonas húmidas de Surajpur. Expresso os meus agradecimentos ao meu co-orientador, Dr. Asghar Nawab, Oficial de Projeto Sénior do WWF-Índia, que contribuiu imensamente para a preparação da minha dissertação. Agradeço também a ajuda e o apoio de outros colegas do Programa de Água Doce e Zonas Húmidas, em particular ao Sr. Kishor Chandra e ao Sr. Trilok.

Estou em dívida para com os meus ilustres professores, Dr. Afifullah Khan, Presidente do Departamento de Ciências da Vida Selvagem, A.M.U., Prof. Wajahat Hussain, Prof. H. S. A. Yahya e Dr. Jamal Ahmad Khan, pelos seus valiosos ensinamentos, avaliações e todas as facilidades necessárias que proporcionaram durante o meu período académico. Estou muito grato ao Dr. AtharAli Khan, do Departamento de Botânica da A.M.U., pela sua ajuda constante na identificação de espécimes de plantas e pelo seu constante encorajamento para um bom desempenho. Estou grato aos meus professores de apoio, Dr. Orus Ilyas e Dr. Faiza Abbasi, pela sua cooperação amigável e constante e pelas suas sugestões valiosas para melhorar o meu trabalho de dissertação.

Estou extremamente grato ao Sr. Pankaj Aggarwal, Diretor Executivo da Greater Noida Develoment Authority, por me ter dado apoio para a realização deste estudo. Ao Sr. Anand Mohan, Diretor do Departamento de Horticultura, Greater Noida Development Authority, pela sua ajuda constante de várias formas.

Estou grato ao Sr. Achambhey Lal Yadav, DFO Gautam Budh Nagar, por autorizar a realização de inquéritos e a recolha de dados no terreno na zona húmida de Surajpur. Estou igualmente grato ao Sr. Ashok Kumar, Range Forest Officer (Surajpur Reserve Forest), a Latoor Singh, Ram Avtar e Charan Singh pela sua cooperação no terreno.

Estou grato ao pessoal não docente: Dr. Iqbal Imam, Sra. Rafat Yasmeen, Sra. Anjum Ahmad e Sr. Mustafa Kamal por me terem dado todo o apoio possível durante o meu estudo.

Os meus agradecimentos individuais são devidos a todos os investigadores seniores, especialmente Sharad Kumar, Kaleem Ahmad, Shah Mohd. Belal e Ahmad Masood Khan, que me deram feedback e orientação. Os meus sinceros agradecimentos aos meus colegas Zalmai Moheb, Ujjwal Kumar, Manoj Matawal, Shivam Shrotriya, Farhat Masood e Zaara Kidwai, pela sua ajuda contínua durante todo o período do curso.

Agradeço ao Sr. Liyaqat AH por ter organizado a logística em Surajpur. Agradece-se ao Sr. Dinesh Kumar e ao Sr. Qasim pela sua cooperação durante todo o trabalho de campo. Gostaria de agradecer aos meus amigos Afzal Hussain, Sarfaraz Ahmad e Tariq Anwar por me terem ajudado de várias formas e por me terem motivado de vez em quando durante esta dissertação.

Por último, mas não menos importante, os meus pais merecem um reconhecimento especial por terem feito de bom grado os sacrifícios necessários para que eu realizasse os meus sonhos.

Nasim Ahmad Ansari

ÍNDICE DE CONTEÚDOS

RESUMO EXECUTIVO

O principal objetivo deste estudo foi delinear e cartografar o habitat das zonas húmidas da Floresta da Reserva de Surajpur. Este habitat de zonas húmidas constitui uma oportunidade para proteger a biodiversidade e dar um exemplo de como a vida selvagem pode ser protegida e conservada, perto de zonas urbanas. As investigações servem de estudo preliminar para o projeto "Desenvolvimento e gestão do Habitat de Biodiversidade das Zonas Húmidas de Surajpur e do Parque das Zonas Húmidas". Este projeto foi iniciado pela Greater Noida Development Authority em colaboração com o Departamento Florestal do Uttar Pradesh e a WWF-Índia. Alguns dos principais objectivos alcançados através de um estudo-piloto realizado pelo WWF-Índia são

- Foi elaborado um inventário exaustivo da flora e da fauna das zonas húmidas de Surajpur.
- Foi realizado um estudo sobre a composição das espécies vegetais e a diversidade floral das zonas húmidas de Surajpur.
- Foi estimada a diversidade aviária em diferentes habitats na zona húmida de Surajpur.

Principais conclusões

- Caracterização do habitat da zona húmida de Surajpur em 6 habitats principais, nomeadamente *Phoenix sylvestris, Terminalia arjuna, Syzigium cumini,* pastagens, três blocos distintos (A, B e C) de zona húmida e ilha dominada por Ipomoea. Estes mosaicos de habitats constituem um bom local para a nidificação e abrigo de aves aquáticas residentes e migratórias.
- Foi compilado um inventário pormenorizado de 115 espécies de plantas

pertencentes a 51 famílias. Destas, 36, 12 e 3 pertencem a famílias de dicotiledóneas, monocotiledóneas e pteridófitas, respetivamente. Foi preparado um herbário completo da zona húmida de Surajpur, com 90 espécies de plantas (incluindo dicotiledóneas e monocotiledóneas), que foi apresentado ao Centro de Monitorização da Conservação, Departamento de Ciências da Vida Selvagem, Universidade Muçulmana de Aligarh, Aligarh.

- Foi registado um total de 131 espécies de aves pertencentes a 37 famílias na zona húmida de Surajpur. Destas, 34 espécies de aves são migradoras, 6 são migradoras locais e 91 são residentes. A família Anatidea foi a família dominante no habitat das zonas húmidas em geral e o pato-mergulhão *Anas clypeata,* o pato-de-bico-pontiagudo *A. poecilorhyncha e* o marreco assobiador-pequeno *Dendrocitta javanica* foram as principais atracções entre os patos. O grou Sarus *Grus antigone*, uma espécie importante das zonas húmidas, foi registado durante todo o período de estudo na área.

CAPÍTULO 1

INTRODUÇÃO

1.1 Definição de zonas húmidas

Zona húmida é um termo genérico para corpos de água de vários tipos, e inclui diversas entidades hidrológicas, nomeadamente, lagos, pântanos, pântanos, estuários, planícies de maré, planícies de inundação de rios e mangais (MoEF 2007). De acordo com a Convenção de Ramsar sobre as zonas húmidas (1971), 'As zonas húmidas são áreas de pântano, pântano, turfa ou água, naturais ou artificiais, permanentes ou temporárias, com água estática ou corrente, doce, salobra ou salgada, incluindo áreas de água marinha; cuja profundidade na maré baixa não excede seis metros'.

Davis (1994) descreveu as zonas húmidas como áreas onde a água é o fator primário, controlando o ambiente e a vida vegetal e animal associada. Ocorrem onde o lençol freático está à superfície ou próximo da superfície da terra ou onde a terra está coberta por águas pouco profundas. Ecologicamente, as zonas húmidas foram definidas como ecótonos ou zonas de transição entre ecossistemas permanentemente aquáticos e ecossistemas terrestres secos (Wetlands of India division, SACON 1994).

1.2 Conservação das zonas húmidas da Índia: Uma breve revisão

Estima-se que as zonas húmidas ocupem cerca de 8,6 milhões de km2 (6,4%) da superfície terrestre (Ramachandran 2001). Destas zonas húmidas, cerca de 30% são constituídas por turfeiras, 26% por pântanos, 20% por pântanos e 15% por planícies aluviais. Da água doce da Terra, 69,6% está retida no gelo continental, 30,1% em aquíferos subterrâneos e 0,26% em rios e lagos. Em particular, os lagos ocupam menos de 0,007% da água doce do mundo

(Clarke 1994). Existem 67 429 zonas húmidas na Índia, cobrindo cerca de 4,1 milhões de hectares. Destas, 2.175 zonas húmidas são naturais, cobrindo cerca de 1,5 milhões de hectares, e 65.254 são artificiais, ocupando cerca de 2,6 milhões de hectares (Ramachandran 2001). De acordo com o Forest Survey of India, os mangais cobrem uma área adicional de 6.740 quilómetros quadrados. Existem 1852 sítios Ramsar distribuídos por 158 países (Ramsar 1971). Na Índia, foram declarados 25 sítios Ramsar (MoEF 2007) (Quadro 1.1). Recentemente, Islam e Rahmani (2008) recomendaram 135 sítios Ramsar potenciais na Índia. Existem 664 zonas importantes para as aves (IBAs) na Índia, a maioria das quais são zonas húmidas. Além disso, Islam e Rahmani (2004) identificaram 68 zonas húmidas na Índia que estão identificadas para conservação no âmbito do Programa Nacional de Conservação do Governo da Índia (MoEF 2007).

Quadro 1.1 Lista de zonas húmidas de importância internacional ao abrigo da Convenção de Ramsar.

S. No.	**Name of Wetland**	**Date of declaration**	**State**
1	Ashtamudi Wetland	19/08/02	Kerala
2	Bhitarkanika Mangroves	19/08/02	Orissa
3	Bhoj Wetland	19/08/02	Madhya Pradesh
4	Chandertal Wetland	08/11/05	Himachal Pradesh
5	Chilika Lake	01/10/81	Orissa
6	Deepor Beel	19/08/02	Assam
7	East Calcutta Wetlands	19/08/02	West Bengal
8	Harike Lake	23/03/90	Punjab
9	Hokera Wetland	08/11/05	Jammu and Kashmir
10	Kanjli	22/01/02	Punjab
11	Keoladeo National Park (MR)	01/10/81	Rajasthan

12	Kolleru Lake	19/08/02	Andhra Pradesh
13	Loktak Lake (MR)	23/03/90	Manipur
14	Point Calimere	19/08/02	Tamil Nadu
15	Pong Dam Lake	19/08/02	Himachal Pradesh
16	Renuka Wetland	08/11/05	Himachal Pradesh
17	Ropar	22/01/02	Punjab
18	Rudrasagar Lake	08/11/05	Tripura
19	Sambhar Lake	23/03/90	Rajasthan
20	Sasthamkotta Lake	19/08/02	Kerala
21	Surinsar-Mansar Lakes	08/11/05	Jammu and Kashmir
22	Tsomoriri	19/08/02	Jammu and Kashmir
23	Vembanad-Kol Wetland	19/08/02	Kerala
24	Wular Lake	23/03/90	Jammu and Kashmir
25	Upper Ganga River (Brijghat to Narora Stretch)	08/11/05	Uttar Pradesh

MR-sites under Montreaux Record.

1.3 . Conservação das zonas húmidas de Uttar Pradesh: Uma breve revisão

Existem 50 zonas húmidas interiores no estado de Uttar Pradesh, de acordo com o grupo Wetlands of India (Prasad e Vijayan 2006). Destas, as principais zonas húmidas são: o santuário de aves de Sur Sarovar em Agra, o santuário de aves de Patna em Etah, o lago Bakhira em Basti, Surha Taal em Ballia, o lago Kunda em Pratapgarh, Vijay Sagar em Hamirpur, etc. Atualmente, só existe no estado um sítio Ramsar, nomeadamente o Upper Ganga River (Brijghat to Narora Stretch - declarado em 8th de novembro de 2005) com uma extensão de cerca de 82 km, mas 25 desses sítios foram recomendados como potenciais sítios Ramsar por Islam e Rahmani (2008) para o estado de Uttar Pradesh. Existem 25 zonas importantes para as aves (IBA) no estado, a maioria das quais são zonas húmidas (Islam e Rahmani, 2004). Existem quatro zonas húmidas no estado de Uttar Pradesh, nomeadamente Lakh Bahosi em Farrukhabad (agora em Kannauj), Sandi em Hardoi, Samaspur em Rae Bareily e Nawabganj em Unnao, que foram identificadas para conservação ao abrigo do Programa Nacional de Conservação do Governo da Índia (Ministério do Ambiente e das Florestas, 2007).

1.4 Zonas húmidas e conservação da biodiversidade

A Conferência das Nações Unidas sobre Ambiente e Desenvolvimento (CNUAD), bem como as organizações mundiais de conservação, incluindo a Convenção RAMSAR, identificaram a biodiversidade aquática como a mais ameaçada de todas. Existe, portanto, uma necessidade urgente e sentida de conservar a biodiversidade aquática, incluindo os processos do ecossistema (Prasad *et al.* 2001). As zonas húmidas são importantes zonas de alimentação e reprodução da vida selvagem e constituem um local de paragem e refúgio para as aves aquáticas. Fornecem muitos serviços e bens à humanidade (WWF 2009).

Os sistemas de zonas húmidas apoiam direta e indiretamente milhões de pessoas, fornecendo-lhes bens e serviços. Contribuem para processos importantes, que incluem o movimento da água através da zona húmida para os cursos de água ou para o oceano; a decomposição da matéria orgânica; a libertação de azoto, enxofre e carbono para a atmosfera; a remoção de nutrientes, sedimentos e matéria orgânica da água que entra na zona húmida; e o crescimento e desenvolvimento de todos os organismos que necessitam das zonas húmidas para viver. Os benefícios diretos das zonas húmidas são os componentes/produtos como o peixe, a madeira, o lazer e o abastecimento de água, e os benefícios indirectos decorrem das funções que ocorrem no ecossistema, como o controlo de cheias, a recarga de águas subterrâneas e a proteção contra tempestades. As zonas húmidas podem ter um grande significado para os povos indígenas como parte do seu património cultural. Para além disso, os valores sócio-económicos, através do abastecimento de água, pesca, madeira para combustível, plantas medicinais, pastagem para gado, agricultura, recursos energéticos, recursos da vida selvagem, transporte, recreio e turismo, etc., são significativos. As propriedades funcionais de um ecossistema de zonas húmidas demonstram claramente o seu papel na manutenção do equilíbrio ecológico (Ramachandran 2001).

As zonas húmidas regionais são partes integrantes de paisagens maiores e são frequentemente descritas como 'rins de paisagens'. As suas funções e valores para as pessoas nestas paisagens dependem tanto da sua extensão como da sua localização. Assim, cada zona húmida é uma unidade ecologicamente única.

1.5 Justificação

O Departamento Florestal de Uttar Pradesh e a Autoridade de Greater Noida, em colaboração com o WWF-Índia, iniciaram um projeto de planeamento e desenvolvimento de uma zona húmida. A zona húmida de Surajpur constitui uma oportunidade para proteger a biodiversidade e dar um exemplo de como a vida selvagem pode ser protegida e preservada perto de zonas urbanas, sem prejudicar o desenvolvimento das mesmas. Não só proporcionará às pessoas a oportunidade de conhecerem a singularidade da zona e as espécies que atrai, como também as tornará mais conscientes em termos ambientais. Neste contexto, o objetivo deste estudo foi recolher informação de base sobre a ecologia da zona e utilizar este conhecimento para o desenvolvimento, preservação e conservação da zona húmida através de investigação e documentação específicas, assistência técnica na gestão da zona húmida e sensibilização da comunidade.

1.6 Objectivos

O presente estudo tinha os seguintes objectivos

1. Estudar a composição das espécies vegetais e a diversidade floral da zona húmida de Surajpur.
2. Estimar a diversidade aviária em relação a diferentes habitats na zona húmida de Surajpur.

CAPÍTULO 2

ÁREA DE ESTUDO

2.1 Atributos físicos

2.1.1. Localização

A zona húmida de Surajpur está situada perto da aldeia de Surajpur em Dadri Tehsil do distrito de Gautam Budh Nagar, sob a autoridade de desenvolvimento de Greater Noida, Uttar Pradesh. A área situa-se entre as latitudes 28°31.425'N e a longitude 77°29.714'E, a uma altitude de 184,7 m msl (Fig. 2.1). Este lago está localizado a 800 m da estrada Delhi-Noida-Dadri e a 6 km da estação ferroviária de Dadri, a 26 km de Delhi, a 90 km de Aligarh, a 24 km de Noida e a 3 km da cidade de Greater Noida, Uttar Pradesh

2.1.2 Localização biogeográfica

A zona húmida insere-se na zona biogeográfica da Planície Gangetic (Rodgers, Panwar e Mathur, 2000).

2.1.3.Área

O local de estudo é uma reserva florestal e abrange uma área de 330 hectares (3,30 Km^2), incluindo 108 hectares (1,08 Km^2) de zonas húmidas naturais perenes.

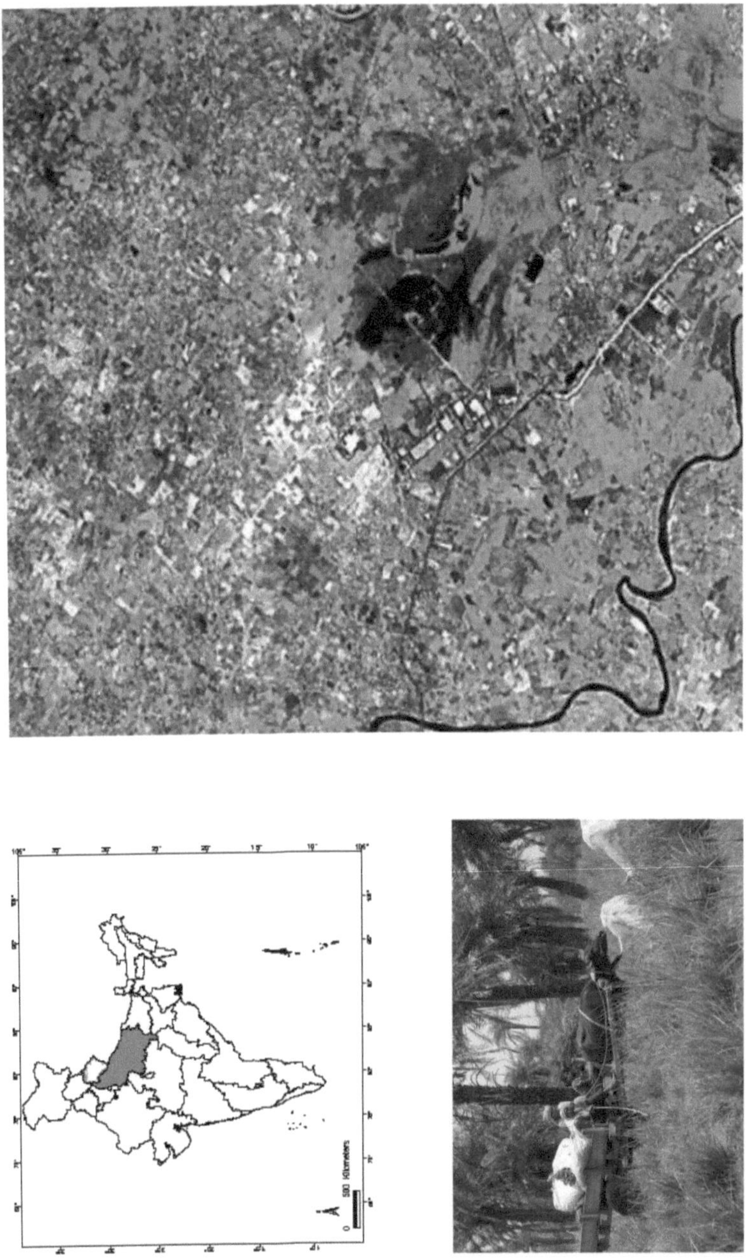

Fig. 1. Imagem de satélite de Greater Noida, Uttar Pradesh, indicando a zona húmida de Surajpur.

As habitações humanas na periferia da zona húmida delimitam os seus limites da seguinte forma:

Norte: Floresta da reserva de Khodna Khurd

Este: Terreno da aldeia de Devla *Panchayat*

Sul: Floresta de reserva de Gulistanpur

Oeste: Terreno da aldeia de Tusyana *Panchayat*

2.1.4. Topografia

O terreno da zona é quase plano, embora o traçado divida a zona em forma terrestre plana e zona húmida profunda. A zona húmida tem um declive suave de oeste para este. O terreno é quase plano, com valas pouco profundas intercaladas. A água da chuva passa por estas valas e é recolhida no lago.

2.1.5. Geologia e caracteres edáficos

O solo é do tipo aluvial, resultante principalmente da deposição de areia fina e argila do rio Yamuna e dos seus afluentes. A zona do lago tem um solo de grão fino denominado solo lacustre. A zona florestal de reserva de Gulistanpur (1,22 km^2) é, em geral, uma terra "Usar" devido a solos salinos com teores de metais alcalinos e sais solúveis.

2.1.6 Padrão de drenagem

A zona húmida de Surajpur é alimentada principalmente pela chuva. Outras fontes de recarga de água são a bacia hidrográfica de Hawaliya Drain que está ligada ao rio Hindon em Atta Pir Chowk e o canal de irrigação de Tilapta Minor, que também vem do rio Kulesra Bund Hindon.

2.2 Atributos ecológicos

2.2.1. Clima

O clima geral é do tipo tropical de monção, com três estações distintas - inverno (novembro a fevereiro), verão (março a junho) e monção (julho a outubro). Estas estações desempenham um papel crucial na ecologia do habitat, distribuindo vantagens e desvantagens de modo a manter um equilíbrio frágil entre todas as formas de vida. Durante o inverno, as noites são extremamente frias com nevoeiro denso, enquanto no verão as noites são frescas e agradáveis com céu limpo. As monções do sudoeste são as principais fontes de precipitação. A precipitação máxima ocorre de julho a outubro, variando entre 400 e 500 mm. Os aguaceiros ou trovoadas pré-monção ocorrem nos meses de maio e junho. Durante a monção, a bacia hidrográfica fica cheia de água e a área inundada estende-se até 250 hectares (2,50 km^2). Durante o verão, a maior parte da zona húmida permanece seca e a área inundada recua para cerca de 40 a 50 hectares (0,4 a 0,5 Km^2). A humidade relativa durante a monção é geralmente de cerca de 60%, enquanto o verão é um período seco e regista uma humidade relativa baixa de cerca de 30%. Os ventos sopram de oeste para leste durante o verão. O vento é frio em dezembro e janeiro e torna-se quente em maio e junho, localmente *designado por "Loo".*

2.2.2. Diversidade florística e tipos de vegetação

De acordo com Champian e Seth (1968), a vegetação consiste em tipos de floresta tropical húmida e seca de folha caduca. No entanto, na zona húmida de Surajpur, existe uma grande mancha de cerca de 48 hectares de área coberta por tamareira *Phoenix sylvestris,* a floresta dominante. No centro da zona húmida existe uma ilha de *Ipomea fistulosa* que serve de bom refúgio para a nidificação das aves locais residentes. Outras árvores incluem Jamun *Syzygium cumini,* Arjun *Terminalia arjuna,* Pilkhan *Ficus*

infectoria. Os arbustos mais pequenos incluem ervas como *Prosopis juliflora, Ziziphus nummularia, Typha angustata, Eichornea crassipes, Alternanthera feloxiroides*, etc. As principais gramíneas e juncos são *Saccharum spontaneum, Desmostachya bipinnata, Cynodon dactylon, Paspalum indicum, Eleocharis palustris*, etc. Entre a vegetação flutuante e submersa encontram-se *Azolla pinnata, Wolfia arrhiza, Lemna perpusilla, Spirodela polyrrhiza, Ceratophyllum demersum*, etc.

2.2.3. Diversidade faunística

A zona húmida de Surajpur é dotada de uma grande variedade de fauna, incluindo várias espécies carismáticas e ameaçadas, como a ave estatal Grou de Sarus. As aves são um componente significativo da biodiversidade da zona de estudo. Das cerca de 1300 espécies de aves existentes no subcontinente indiano, mais de 10% foram aqui registadas, ou seja, cerca de 130 espécies (aves aquáticas residentes e migratórias). As principais aves aquáticas migratórias são o pato-mergulhão *Anas clypeata, o* pombo-torcaz *Anas penelope,* o pato-rabilongo *Tadorna ferruginea,* o marreco *Anas querquedula,* a marrequinha-comum *Anas crecca,* o pato-de-rabo-alçado Anas *acuta,* o pato-de-bico-comprido *Aythya ferina*, etc. Outras aves residentes comuns são o pato de bico pontiagudo *Anas poecilorhyncha, o* marreco assobiador menor *Dendrocygna javanica, o* grou de Sarus *Grus antigone,* o grou comum *Grus grus,* a cegonha de pescoço lanoso *Ciconia episcopus,* cegonha-de-bico-aberto *Anastomus oscitans,* cegonha-pintada *Mycteria leucocephala,* colhereiro da Eurásia *Platalea leucorodia,* íbis-de-cabeça-preta *Threskiornis melanocephalus* e íbis-preto *Pseudibis papillosa.* A herpetofauna está representada por cerca de 10 espécies de répteis. Os levantamentos efectuados para documentar a diversidade de outras formas de vida indicaram uma elevada riqueza de espécies e abundância de invertebrados inferiores. Dada a vasta área com diversos tipos de habitat praticamente inexplorados, a diversidade faunística terá aparentemente acréscimos interessantes. A fauna de mamíferos é representada por cerca de

8 espécies pertencentes a 6 ordens, nomeadamente Carnivora, Primates, Artiodactyla, Lagomorpha e Rodentia. A zona húmida de Surajpur alberga uma das maiores populações de touro azul *Boselaphus tragocalamus* em Uttar Pradesh. A área de estudo também registou cerca de 7 espécies de peixes.

2.3. Atributos antropológicos

Não havia nenhuma aldeia na zona de estudo. No entanto, duas aldeias, nomeadamente Gulistanpur e Surajpur, estão situadas no limite sul da floresta de reserva de Surajpur. A aldeia mais próxima é Devla, a leste, e duas aldeias (ou seja, Khodna khurd e Bhuda) no limite norte da zona húmida de Surajpur. Não há pressão antropogénica substancial sobre as zonas húmidas na fronteira ocidental, que inclui os terrenos baldios de Tusyana. As pessoas das aldeias em redor da floresta de reserva e da zona húmida exploram os recursos naturais cortando árvores, ervas e pastando o seu gado. Uma vez que existe um grande número de árvores de tamareira *Phoenix sylvestris* na área de estudo, os aldeões utilizam-nas para extrair "Tadi" do caule superior, fazer vassouras, leques de mão, esteiras e colmo.

CAPÍTULO 3

COMPOSIÇÃO DAS ESPÉCIES VEGETAIS E DIVERSIDADE FLORAL

3.1 Introdução

A vegetação é uma das principais caraterísticas geográficas de quase todas as partes da superfície da Terra. Apenas as camadas de gelo polares são desprovidas de plantas auto-reprodutoras, cujo conjunto constitui a vegetação. Por outras palavras, a vegetação é um facto incontornável da vida. Como tal, é um dos mais importantes temas de investigação e estudo. Essa atenção pode ser direcionada para a sua beleza, interesse intrínseco, ou importância e usos práticos (Mueller & Dombois 1974).

A diversidade florística é um fator importante que determina a diversidade aviária (Rotenbery 1985). A estrutura e a composição da vegetação desempenham um papel importante na influência de vários aspectos da ecologia das populações animais, uma vez que estas dependem diretamente da vegetação, quer para se alimentarem, quer para se abrigarem e se protegerem. Está bem documentado que, para além das caraterísticas físicas e ambientais dos habitats, a vegetação governa em grande medida os padrões de deslocação, de permanência, de alimentação e de utilização do habitat dos animais terrestres e aquáticos. Este facto levou os gestores dos parques a controlar vários parâmetros do habitat, a fim de detetar alterações e avaliar o impacto nas populações animais, bem como das populações animais nos seus habitats. Os resultados desta monitorização a longo prazo dos habitats permitem aos gestores e investigadores estabelecer relações definitivas entre a população animal e os parâmetros do habitat e podem ser utilizados para conceber estratégias de gestão eficazes.

3.2 Metodologia

Foi efectuado um levantamento geral da vegetação para recolher espécimes de plantas com vista à preparação de um herbário exaustivo segundo Jain & Rao (1977). Posteriormente, estas plantas foram identificadas com a ajuda de taxonomistas e com base em manuais de identificação padrão, como o vegetation of Bharatpur de Prasad *et al.* (1996); Moulik (1997). Todas as espécies de plantas estão organizadas de acordo com o sistema de classificação de Bentham & Hooker (Sharma & Joshi 2008). Foi também efectuada a identificação no local das espécies vegetais e a sua posterior listagem.

Foi efectuado um levantamento preliminar estratificando a vegetação em 6 grandes comunidades de vegetação, nomeadamente Prados, *Fénix, Terminalia, Syzigium woodland, Ipomoea* e vegetação aquática (Fig. 3.1). A estratificação foi efectuada com base na associação das principais categorias de plantas. Cowardin *etal.* (1979) classificaram a vegetação das zonas húmidas em habitats emergentes, arbustivos ou florestais. As zonas húmidas emergentes são caracterizadas por hidrófitas herbáceas, erectas e enraizadas, excluindo musgos e líquenes. As zonas húmidas de matagal incluem áreas dominadas por vegetação lenhosa com menos de 6 m de altura. As zonas húmidas florestadas são caracterizadas por vegetação lenhosa >6cm de altura. Subsequentemente, foi realizado um levantamento florístico e um estudo sobre a abundância comparativa de espécies em blocos aquáticos e terrestres entre (meados de fevereiro e meados de maio de 2009).

3.2.1 Recolha de dados

Foi efectuada uma amostragem aleatória estratificada para enumerar as diferentes comunidades vegetais. As plantas com 30< cm de perímetro à altura do peito (GBH) foram consideradas árvores, enquanto as plantas com >30 cm de GBH foram classificadas como arbustos.

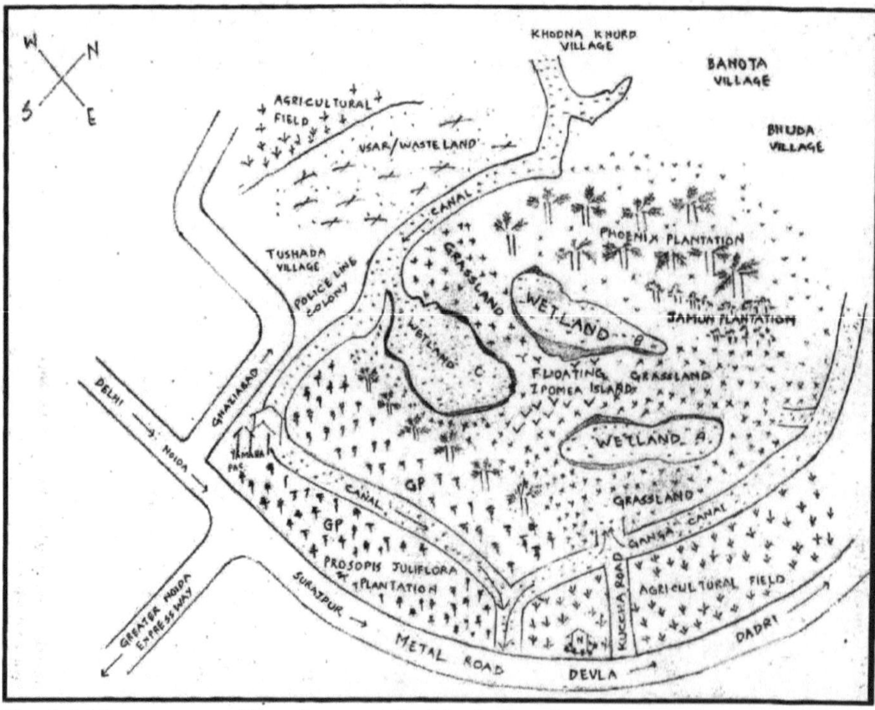

Fig. 3.1 Mapa esquemático da zona húmida de Surajpur representando os diferentes habitats de amostragem.

As plantas que não produzem GBH mas que medem 50 cm a 3 m de altura acima do solo foram também consideradas como arbustos. As plantas que não produzem GBH mas que medem menos ou igual a 50 cm de altura foram consideradas ervas.

A área terrestre da zona húmida de Surajpur é quase homogénea e está dividida em 4 habitats principais, com predominância de palmeiras *Phoenix sylvesths*, Arjun *Terminalia arjuna,* Jamun *Syzigium cumini* e prados. As comunidades vegetais terrestres foram amostradas por amostragem aleatória estratificada.

O número de quadrículas de amostragem deve ser suficiente para cobrir 5 a 10% da área em estudo (Ambasht 1990). O número de parcelas de amostragem foi determinado pela curva de área das espécies. Um total de 20 parcelas circulares aleatórias, cada uma com 10 metros de raio, foram colocadas nas árvores *de Phoenix sylvesths*. Em cada parcela circular foram registados os seguintes dados:

1. Nome e número das espécies de árvores.
2. Nome e número de plântulas e mudas de árvores.

As árvores *Syzigium cumini* e *Terminalia arjuna* foram amostradas pelo método do quarto centrado no ponto (PCQ). Neste método, são medidas quatro distâncias em cada ponto de amostragem. Em cada ponto de amostragem, duas linhas perpendiculares entre si criam quatro quartos. A primeira linha é a linha do transecto (bússola), enquanto a segunda linha é perpendicular à primeira, sendo a intersecção o ponto de amostragem. Em cada quarto assim criado, é medida a distância entre a árvore mais próxima e o ponto de amostragem. Faz-se a média das distâncias das quatro árvores de cada quarto e obtém-se a densidade por

$$\text{Density} = \frac{1}{D^2}$$

Onde D é a média de quatro distâncias calculada para todas as amostras. As distribuições das árvores são geralmente agrupadas e, em distribuições aleatórias, as árvores mais isoladas têm maior probabilidade de serem amostradas (Javed e Kaul 2002). As quadrículas são unidades de amostragem, geralmente definidas por quatro tiras de madeira ou de plástico metálico para formar um quadrado ou retângulo. As quadrículas são utilizadas para medir a cobertura, a densidade, a biomassa e a frequência das espécies. O número de indivíduos dentro da parcela de uma área conhecida fornece a densidade da espécie por

$$\text{Density} \quad d = \frac{n}{a}$$

Onde n = número de indivíduos e a = área do quadrado (Javed e Kaul, 2002).

A curva da área das espécies foi utilizada para determinar a dimensão da parcela circular. Foram colocadas 20 parcelas na área de pastagem. As espécies de gramíneas, ervas ou juncos encontradas em cada parcela circular foram identificadas e o seu número contado. Foi determinado o número de rebentos por unidade de tufo e calculada a densidade das gramíneas agrupadas por unidade de área (Chauhan & Gopal 2005). Foram colhidas amostras de cada espécie não identificada, às quais foram atribuídos códigos e posteriormente identificadas com a ajuda de taxonomistas e consultando manuais padrão (Moulik 1997). Os espécimes foram depositados no Departamento de Ciências da Vida Selvagem, Universidade Muçulmana de Aligarh, Aligarh.

A vegetação aquática foi definida de acordo com Vijayan (1990). De acordo com o seu habitat e adaptação, a vegetação foi dividida em: Tipos emergente, flutuante enraizada, submersa, flutuante livre e anfíbia. Foram utilizadas quadrículas de 0,5 m x 0,5 m para a amostragem aleatória estratificada. Com base na profundidade da água e na ligeira variação da vegetação, a zona húmida foi dividida em três blocos diferentes A, B, & C. Foram colocadas 50 quadrículas em cada bloco, para uma cobertura uniforme de todos os blocos. Em cada quadrado, foram registados os nomes das espécies vegetais, os números e a profundidade da água.

3.2. 2 Análise dos dados

Para comparar as densidades da vegetação em diferentes habitats, as densidades de árvores e arbustos foram calculadas em cada ponto de amostragem separadamente e somadas para obter as densidades médias. Uma vez que os valores de densidade no habitat aquático (Fig. 3.5) não tinham uma distribuição normal, tal como revelado pela representação gráfica dos dados num histograma. Por conseguinte, foi utilizada uma estatística não paramétrica para efeitos de comparação. Para verificar se existe alguma relação entre a densidade da vegetação aquática e a profundidade da água no habitat húmido, foi utilizada a Correlação de Spearman (rs) através da seguinte fórmula

$$rs = 1 - \frac{6\sum d^2}{n\,(n^2 - 1)}$$

Onde:

d = diferença entre as classificações dos valores correspondentes

n = número de valores em cada conjunto de dados

6 = constante

3.3 Resultado

3.3.1 Panorama da composição das espécies vegetais e da diversidade floral nas zonas húmidas de Surajpur

Durante o estudo, foram registadas 110 espécies de angiospérmicas pertencentes a 97 géneros e 48 famílias (Quadro 3.1) e **(Anexo I).** Das 110 espécies, 80 espécies e 69 géneros pertencentes a 36 famílias eram dicotiledóneas, enquanto 32 espécies e 27 géneros pertencentes a 12 famílias eram monocotiledóneas. As três espécies de Pteridófitas também foram registadas na área de estudo. As famílias de plantas dominantes registadas entre as dicotiledóneas foram Fabaceae, Asteraceae, Malvaceae, enquanto Poaceae e Cypraceae foram dominantes entre as monocotiledóneas. O Quadro 3.2 apresenta a lista das várias floras registadas na área de estudo.

Table 3.1 Diversidade florística da zona húmida de Surajpur.

Groups	Family	Genera	Species
Dicotyledons	36	69	80
Monocotyledons	12	27	32
Pteridophytes	3	3	3
Total	**51**	**99**	**115**

Table 3.2 Lista das diferentes formas florais registadas na zona húmida de Surajpur.

S. No.	Life-forms	Number	Percentage occurrence
1	Herbs	82	71 %
2	Shrubs	16	14 %
3	Climbers	7	6 %
4	Trees	10	9 %
	Total	**114**	100 %

3.3.2 Habitat *da Phoenix sylvestris*

A Phoenix sylvestris registou uma densidade média global de árvores de 433,1 (± 36,29 sd) por hectare, enquanto as plântulas registaram uma densidade média de 47,4 (± 6,97 sd) por hectare. Os rebentos de espécies associadas como *Prosopis Juliflora, Terminalia arjuna* e *Pithecillabium dus* registaram uma densidade média de 27,4 (± 6,08 sd) por hectare, 0,5 (± 0,23 sd) por hectare, 2,6 (± 1,15 sd) por hectare, respetivamente, e uma densidade média global de 113,85 (± 132,88 sd) por hectare.

3.3.3 Habitat *da Terminalia arjuna*

A Terminalia arjuna registou uma densidade média de árvores de 161,17 (± 52,39 sd) por hectare.

3.3.4 *Syzigium cumini* habitat

Syzigium cumini registou uma densidade média de árvores de 495,71 (± 0,39 sd) por hectare.

3.3.5 Habitat de prados

Foram amostradas um total de 20 parcelas (Fig. 3.2). O habitat de pastagem registou uma densidade média global de 830,50 (±167,18 sd) por hectare. As diferentes famílias documentadas foram Poaceae, Cypraceae, Amaranthaceae e Asteraceae, que registaram uma densidade média de 694 (± 135,84 sd) por hectare, 66 (± 10,46 sd) por hectare, 59 (± 17,34 sd) por hectare e 11,5 (± 3,54 sd) por hectare, respetivamente (Quadro 3.3). As espécies que mais contribuem para a família Poacea são *Sachharum spontaneum, S. ravennae, Vitiveria zizanoides, Sporobolus diander, Cynodon dactylon*, etc. A família Cypraceae inclui *Eleocharis palustris, Cyprus alopecuroides*, etc. Amaranthaceae dominada por uma única espécie *Alternanthera feloxiroides.*

Quadro 3.3 Densidade das pastagens e composição familiar.

Family	**Density/he**	**SD**	**Percentage Composition**
Poacea	694	135.84	83.57
Cyperacea	66	10.46	7.95
Amaranthaceae	59	17.34	7.11
Asteraceae	11.5	3.54	1.39

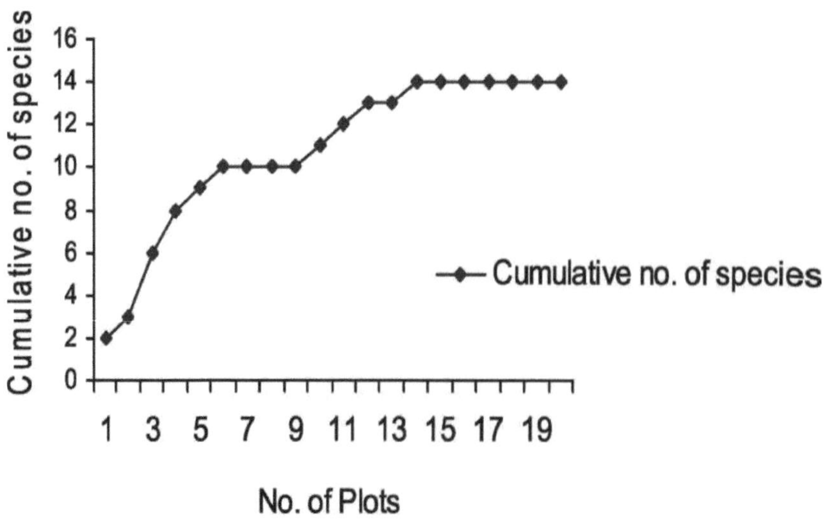

Fig. 3.2 Curva da área de espécies para o habitat de pastagem.

3.3.6 Habitat aquático

O habitat aquático foi categorizado em duas categorias principais: ilha dominada por *Ipomoea* e três blocos de zonas húmidas A, B, C, com base na profundidade da água e na composição da vegetação.

Foi amostrado um total de 50 parcelas em cada bloco de zonas húmidas. As figuras 3.3, 3.4 e 3.5 representam a distribuição das plantas individuais registadas em diferentes parcelas de amostragem. Os seus números individuais variaram de 1 a 102 por parcela. Os três blocos de habitat de zonas húmidas registaram uma densidade média global de 388,8 (± 302,14 sd) por hectare. A densidade média das zonas húmidas registada nos diferentes blocos foi de 132,96 (± 72,81 sd) por hectare.

(Bloco A), 120,88 (± 105,7 sd) por he. (Bloco B) e 134,96 (± 123,65 sd) por he.

(Bloco C), respetivamente (Quadro 3.4). As espécies de vegetação aquática que mais contribuem para o habitat das zonas húmidas incluem *Alternanthera feloxiroides, Vallisneria spiralis, Eichornea crassipes, Mersilea, Azolla, Typha angustata, Hydrilla verticillata,*

Spirodela polyrrhiza, Lemna purpusilla, Paspalum distichum, etc.

Tabela. 3.4 Densidade da vegetação aquática.

Block	Density/he	SD
A	132.96	72.81
B	120.88	105.7
C	134.96	123.65
Overall	**388.8**	**302.14**

O coeficiente de correlação de Spearman da profundidade da água com outras variáveis da vegetação registou que existe uma correlação positiva insignificante entre a profundidade da água e o número de espécies (rs = 0,37) (Quadro 3.5). Existe uma correlação negativa significativa entre a profundidade da água e a densidade da vegetação (rs = - 0,202) ao nível de 0,05. Esta correlação negativa indica que a densidade da vegetação diminui com o aumento da profundidade da água.

Tabela 3.5 Coeficiente de correlação de Spearman entre a vegetação aquática e a profundidade da água.

	Water depth	No. of Species	No. of Individuals	Density(m^2)
Water depth	1.000	0.37	-0.202*	-0.202*
No. of species	0.37	1.0000	0.235**	0.235**
No. of Individuals	-0.202*	0.235**	1.000	1.000**
Density(m^2)	-0.202*	0.235**	1.000**	1.000

*. A correlação é significativa ao nível de 0,05 (bicaudal)

**. A correlação é significativa ao nível de 0,01 (bicaudal)

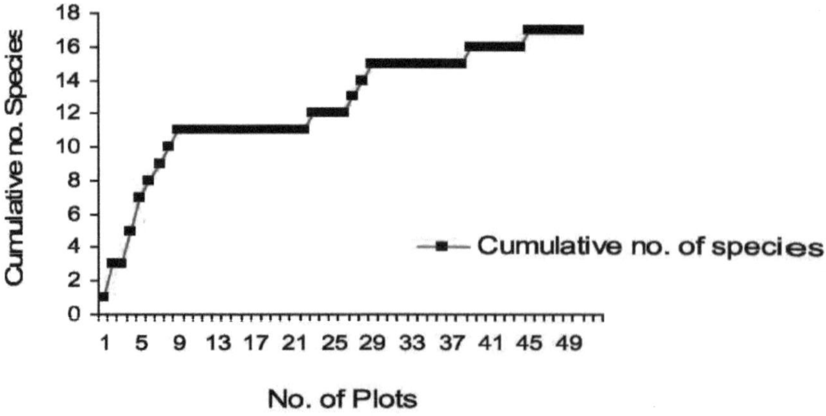

Fig. 3.3 Curva da área das espécies para o bloco 'A' da zona húmida.

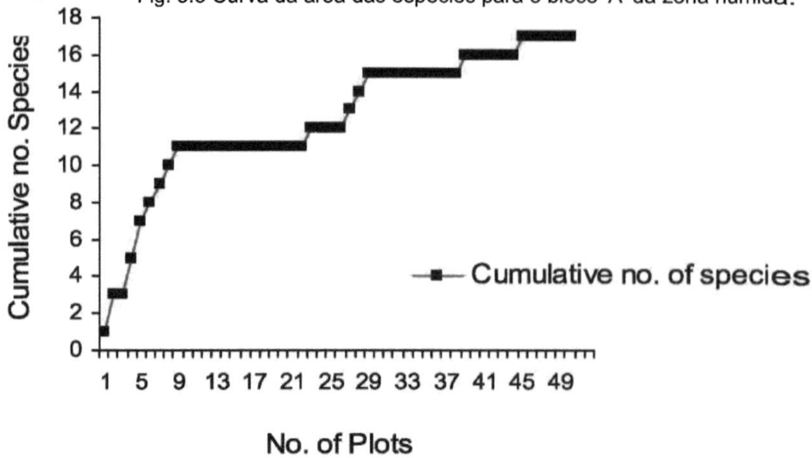

Fig. 3.4 Curva da área das espécies para o bloco 'B' da zona húmida.

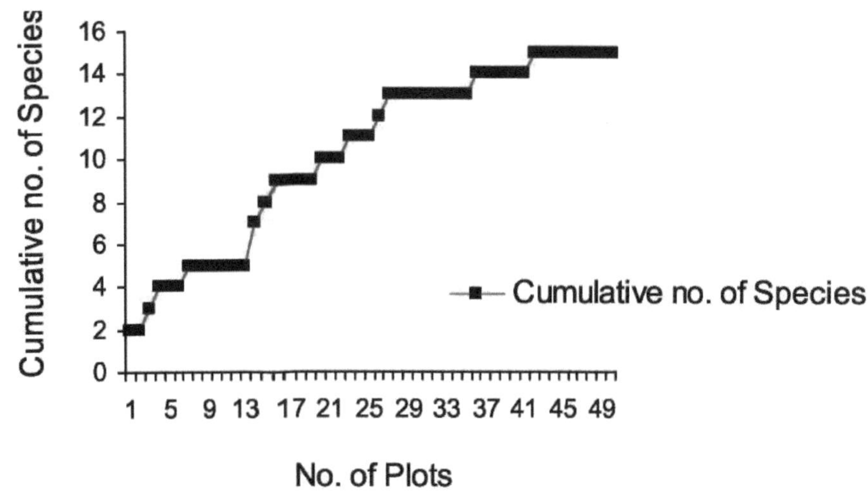

Fig. 3.5 Curva da área das espécies para o bloco 'C' da zona húmida.

3.3.7 Ilha dominada por *Ipomoea*

Foram amostradas um total de 50 parcelas (Fig. 3.6). A ilha dominada por *Ipomoea* registou uma densidade média global de 837,8 (± 186,42 sd) por hectare. As diferentes famílias documentadas foram Acanthaceae, Amaranthaceae, Polygonaceae, Chenopodiaceae, Poaceae e Cypraceae e registaram uma densidade média de 98,4 (± 6,7 sd) por hectare, 158,8 (± 110,67 sd) por he., 6,6 (± 4,04 sd) por he., 0,2 (± 0,14 sd) por he., 147 (± 31,32 sd) por he., 426,8 (± 27,44 sd) por he. respetivamente (Quadro 3.6). As espécies que mais contribuíram para o habitat dominado por *Ipomoea* foram *Ipomoea fistulosa, I. aquatica, Carex fedia, Cyprus, alopecuroides, Polygonum, barbatum, P. glabrum, Alternanthera feloxiroides, Sachahrum spontaneum, Cynodon dactylon*, etc.

Quadro 3.6 Densidade média e composição por família no habitat de Ipomoea.

S.No.	Family	Density/he	SD	Percentage Composition
1	Acanthaceae	98.4	6.7	11.622
2	Amaranthaceae	158.8	110.67	18.75
3	Polygonaceae	6.6	4.04	0.78
4	Chenopodiaceae	0.2	0.14	0.024
5	Poacea	147	31.32	17.36
6	Cyperacea	426.8	27.44	50.41

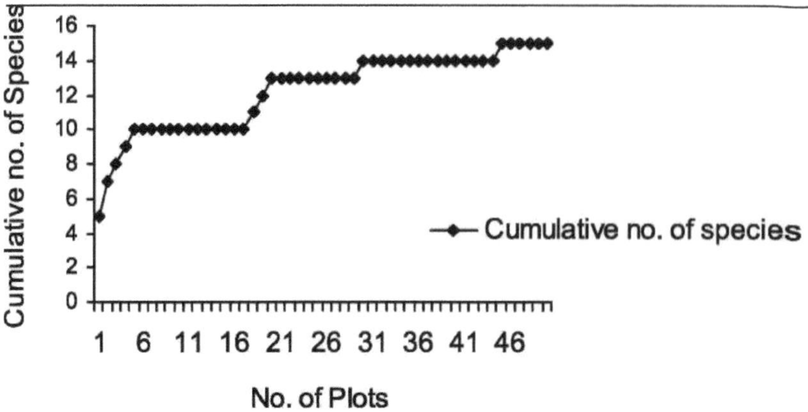

Fig. 3.6 Curva da área das espécies para a ilha dominada por *Ipomoea*

3.4 Discussão

Muitos ecologistas da vida selvagem realizaram estudos sobre a informação de base e a recolha de dados ecológicos em zonas húmidas (Ambasht 1990; Rahmani 2004; Vijayan 2004; Dombois & Ellenberg 1974; Sridharan 1989; Prasad *et al.* 1996; Sharma *et al.* 2008). Este é o primeiro estudo científico realizado na zona húmida de Surajpur, que constitui um excelente exemplo para a conservação de uma zona húmida próxima de uma área urbana. A distribuição das espécies vegetais e dos seus indivíduos nas parcelas não é uniforme;

existem grandes variações, que são observadas pela assimetria na curva de distribuição normal.

A composição da vegetação e a diversidade floral da zona húmida de Surajpur eram muito ricas. Esta zona húmida constitui uma oportunidade para proteger a biodiversidade e dar um exemplo de como a vida selvagem pode ser protegida e preservada perto de zonas urbanas, sem impedir o desenvolvimento das mesmas. Não só proporcionará às pessoas a oportunidade de conhecerem a singularidade da zona e as espécies que a atraem, como também as tornará mais conscientes em termos ambientais.

Como os dados foram recolhidos durante as estações pós-inverno e pré-monção, a maior parte da vegetação não estava na fase de frutificação e floração. O matagal terrestre não suporta muitas gramíneas e ervas, mas é dominado por árvores. As áreas periféricas desta zona húmida fundem-se com o habitat de matagal terrestre dominado por *Phoenix sylvestris, Syzigium cumini, Terminalia arjuna* e habitat de pastagem. A zona húmida era dominada por vegetação aquática típica como *Hydhlla verticillata, Ceratophyllum naja, Naja graminea, Naja minor, Spirodela polyrrhiza, Eichornea crssipes, Paspalum distichum Typha angustata.* Toda a zona húmida era dominada por uma importante espécie exótica, a erva-jacaré *Alternanthera feloxiroides.*

A interação do homem com as zonas húmidas durante as últimas décadas tem sido preocupante, em grande parte devido ao rápido crescimento populacional acompanhado pela intensificação do desenvolvimento industrial, comercial e residencial, que leva à poluição das zonas húmidas por esgotos domésticos e industriais, escoamentos agrícolas, tais como fertilizantes, insecticidas e resíduos de confinamento. O facto de os valores das zonas húmidas serem ignorados resultou em ameaças à fonte destes benefícios (WWF-

Índia 2009).

Durante o período de estudo, foram observados assentamentos perto do pântano de Surajpur que já representam uma ameaça grave e mais assentamentos no futuro agravariam a ameaça, a população de gado e o pastoreio, a pesca, a destruição inconsciente da riqueza florestal pelos aldeões periféricos para obter madeira e produtos não lenhosos.

CAPÍTULO 4

ESTIMATIVAS DA DENSIDADE DE AVES E ASSOCIAÇÃO DE HABITATS

4.1 Introdução

Um grande número de aves aquáticas migra anualmente para a Índia, a partir dos seus locais de reprodução no hemisfério norte, especialmente na Sibéria. Começam a chegar no final de julho e partem geralmente no início de março (Verma 2009). A inventariação e a preparação de uma lista de verificação completa da avifauna de uma zona é um pré-requisito, após o que se procede à estimativa da sua população e composição. A estimativa da densidade das aves tem sido uma parte fundamental dos estudos comunitários, juntamente com informações sobre a diversidade e a riqueza das espécies de aves (Belal 2007).

Para preparar um plano de gestão para qualquer zona protegida, é essencial recolher dados de base sobre diferentes aspectos biológicos e ecológicos. A comunidade de aves varia em termos de densidade, diversidade e riqueza de espécies num determinado habitat, tanto em termos espaciais como temporais. As técnicas utilizadas variam consoante as zonas de estudo, dependendo da estrutura da vegetação e da disponibilidade de tempo (Karr 1976). O capítulo aborda a composição de espécies de aves das zonas húmidas (residentes e migratórias) em relação a diferentes habitats na zona húmida de Surajpur.

4.2 Metodologia

Vários métodos de censo, como a monitorização por transectos (Emlen 1971 e Burnham *et al.* 1979), a contagem de pontos (Javed 1996) e a cartografia pontual (Javed e Kaul 2002) para aves nidificantes, foram utilizados por diferentes autores para estimar a população. O estudo foi efectuado durante um período de três meses. Foram efectuadas saídas de campo regulares com intervalos de dois a cinco dias (Pathak 2005). A identificação das aves foi efectuada com recurso a guias de campo, tais como A Pocket guide to the birds of Indian Subcontinent (Grimmet & Inskipp 2000) e The Book of Indian Birds (Salim Ali 2002). A área de estudo foi categorizada em três habitats principais, com base no tipo de vegetação predominante. Os pormenores são apresentados no capítulo anterior.

4.2.1 Recolha de dados

Foi utilizado o método de contagem visual para o recenseamento das aves aquáticas, tal como descrito por diferentes autores (Eltringham e Atkinson-Willes 1961; Roux 1973, Sridharan 1989). O estudo foi efectuado durante as estações pós-inverno e pré-monção (ou seja, de meados de fevereiro a meados de maio de 2009). A amostragem foi realizada em dias alternados, entre as 0700-0800 horas e as 1700-1800 horas, para o habitat terrestre, e entre as 1000-1500 horas para o habitat húmido.

Foram selecionados três pontos de observação no habitat das zonas húmidas, um em cada bloco, para facilitar a contagem das aves. Foram utilizados binóculos 8 'X' para avistar as aves e as espécies foram confirmadas através da consulta de guias de campo padrão.

A contagem das aves terrestres na floresta dominada por *Phoenix sylvestris* foi efectuada através do método de contagem pontual. As contagens pontuais são mais adequadas para as aves terrestres em habitats florestais em que a visibilidade é reduzida, podendo atingir apenas alguns metros do observador (Javed 1996). A área total da floresta é de aproximadamente 48 hectares, tendo sido selecionados 20 pontos aleatórios de largura aberta para a contagem de aves. Foram gastos 30 minutos em cada ponto e foram registados os seguintes dados:

1. Nome da espécie de ave.
2. Número de espécies de aves.

3. Distância do observador.

O método de transectos em linha (Burham *et. al.* 1980) foi utilizado para a monitorização das aves das pastagens. Os transectos foram colocados de forma aleatória. Cada transecto tinha 350 m de comprimento e foi monitorizado entre as 0700-0800 horas. Foram registados os seguintes dados:

4. Nome da espécie de ave.
5. Número de espécies de aves em contagem.
6. Distância perpendicular de cada ave ou bando de aves à linha de transecto.

4.2. 2Análise de dados

A densidade de cada espécie de ave em cada parcela foi calculada dividindo o número total de indivíduos de uma determinada espécie pela área da parcela amostrada (Dombois e Ellenberg 1974). Da mesma forma, a densidade média das espécies e a densidade média por parcela foram calculadas considerando os valores médios. A diversidade aviária e a riqueza de espécies foram calculadas utilizando um módulo modificado, baseado em DOS, do programa STATISTICAL ECOLOGY SPECDIVER Ver. 1.3. O índice de riqueza de Margaleffs (RI) e o índice de diversidade de Shannon-Weiner (H') foram calculados da seguinte forma:

Índice de riqueza de espécies de Margaleffs

RI = S-1/n Log n

Onde S = Nº de espécies, n = Nº de indivíduos.

Índice de Diversidade de Shannon-Weinner

'H' = Σ pi log pi

Em que Pi é a proporção da espécie i calculada como proporção do número total de indivíduos de todas as espécies.

4.3 Resultado

4.3.1 Panorâmica da composição aviária registada nas zonas húmidas de Surajpur

No decurso do estudo, foram enumeradas 131 espécies de aves pertencentes a 37 famílias **(Anexo II)**. Durante a amostragem, foram registadas 93 espécies de aves pertencentes a 28 famílias, das quais 45 espécies pertencentes a 20 famílias foram registadas no habitat terrestre, enquanto 63 espécies pertencentes a 11 famílias foram registadas no habitat húmido. As famílias mais dominantes em março foram Recurvirostridae & Anatidae, cujo número de indivíduos variou entre 100 e 152 e 20 e 140, respetivamente. Em abril, as famílias dominantes foram Charadridae e Recurvirostridae, cujo número de indivíduos variou entre 47-11 e 35-98, respetivamente. Em maio, o número máximo de indivíduos foi registado para Anatidae, variando de 35 a 267. O número de espécies registadas em Anatidae foi muito baixo, incluindo o marreco assobiador menor e o pato de pente (Quadro 4.1). Das 131 espécies de aves registadas nas zonas húmidas, 91 eram residentes (69,47%), 6 migradoras locais (4,58%) e 34 migradoras (25,95%) (Fig. 4.1).

Tabela 4.1 Contagem mínima e máxima mensal de aves aquáticas na zona húmida de Surajpur.

Family	Bird Group	Population Range		
		March	April	May
Anatidae	Ducks	20-140	21-46	35-267
Gruidae	Cranes	0-3	0-2	0-5
Recurvisrostridae	Black-wing stilt	100-152	35-98	15-37
Motacillidae	Wagtails	1-7	1-4	1-9
Rallidae	Moorhens	3-25	3-23	5-89
Jacanidae	Jacanas	0	0	2-19
Phalacocoracidae	Cormorants	1-31	5-17	5-18
Threskiornithidae	Ibises	3-54	17-71	2-47
Ardeidae	Egrets, Herons	20-66	33-84	15-48
Charadridae	Sandpipers	20-70	47-112	18-56
Ciconidae	Storks	0-22	2-13	1-10

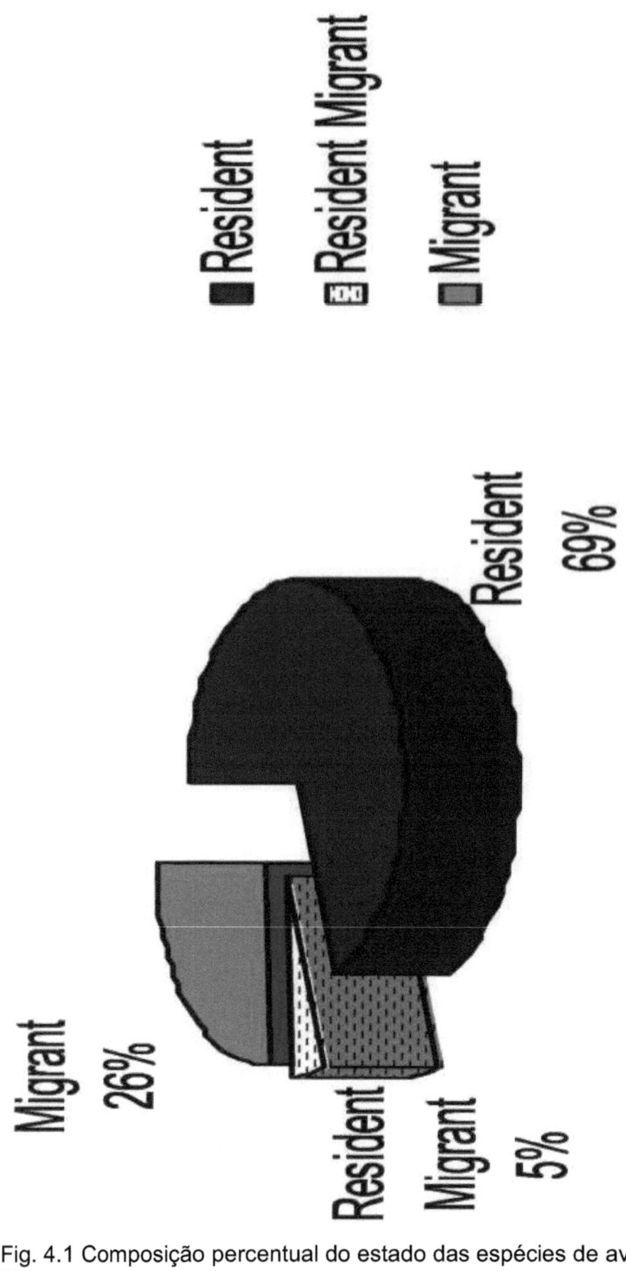

Fig. 4.1 Composição percentual do estado das espécies de aves na zona húmida de Surajpur.

4.3.2 Composição das aves e associação de habitats

Durante a amostragem, foram registadas 15 famílias no habitat de prado. A Figura 4.2 representa o número médio de indivíduos de diferentes famílias registados durante o período de estudo no habitat de prados. Durante o período de estudo, foram registadas 15 famílias no habitat *Phoenix sylvestris*. O número médio de aves registadas numa família neste habitat durante todas as monitorizações variou entre um mínimo de 2 indivíduos (Motacillidae) e um máximo de 12 indivíduos (Sturnidae) (Fig. 4.3)

.

A zona húmida era dominada pelas famílias Anatidae e Recurvirostridae. Durante a amostragem, foram registadas 11 famílias no habitat das zonas húmidas em todos os blocos (A, B, & C). O número médio de indivíduos registados para Anatidae foi de 102 (intervalo 35-267) em maio. Todas as espécies registadas nesta família eram patos residentes, tais como o marrequinho-pequeno e o pato-de-bico-vermelho. O número médio de indivíduos registados para Recurvirostridae foi de 126 (intervalo 100-152) em março.

Apenas uma espécie residente, o pernilongo-de-costas-negras, representa esta família. O número médio de indivíduos registados para Rallidae foi de 128 (intervalo 5-89) em maio. A família Jacanidae não teve registos em fevereiro e março, tendo sido registada apenas uma pequena população de 31 indivíduos (intervalo 2-19) em maio. A Figura 4.4 representa a variação da população de diferentes grupos de aves aquáticas na zona húmida de Surajpur durante o período de estudo.

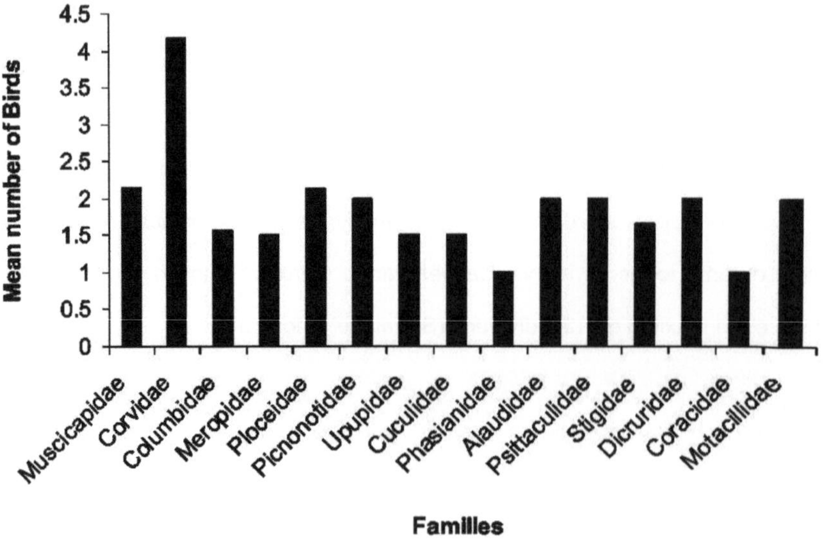

Fig. 4.2 Variação familiar do número médio de aves no habitat de pastagem.

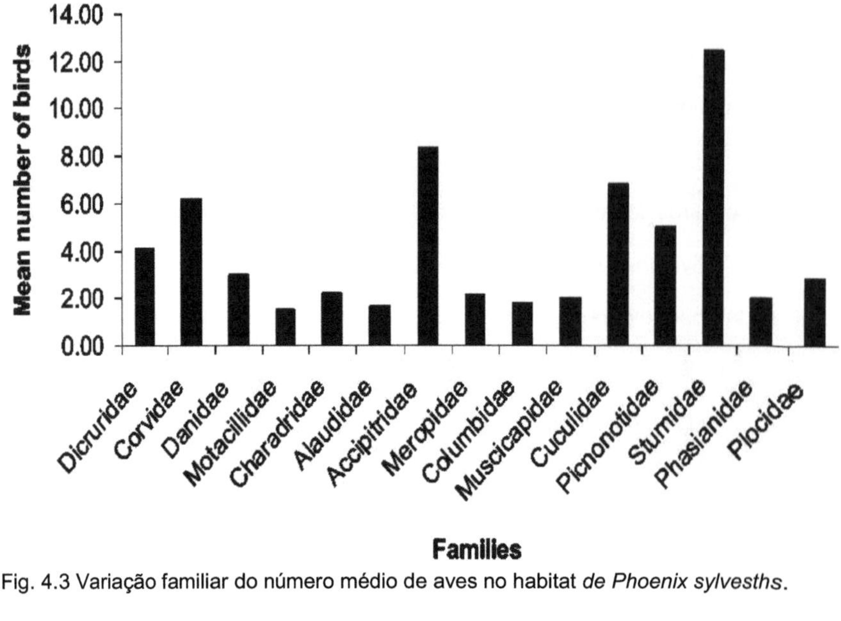

Fig. 4.3 Variação familiar do número médio de aves no habitat *de Phoenix sylvesths*.

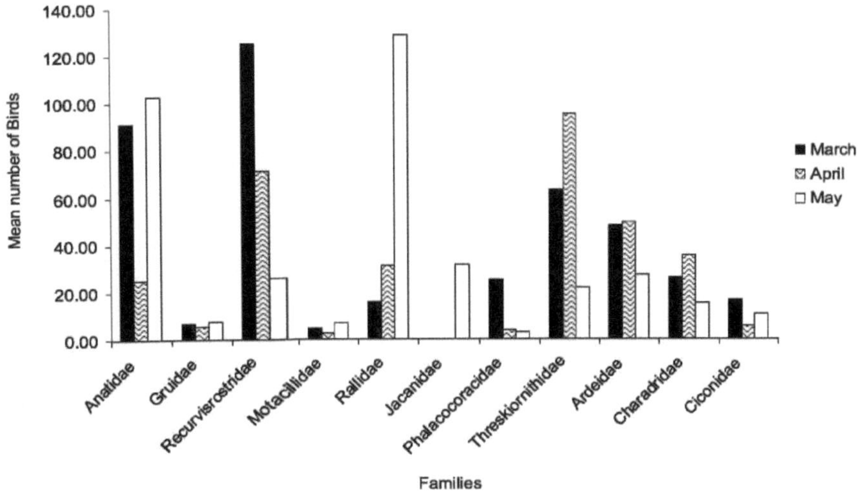

Fig. 4.4. Variação do número médio de aves por família na zona húmida de Surajpur.

4.3.3Densidade , diversidade e riqueza de aves

No habitat terrestre, foi registada uma densidade média de aves de 53,04 (± 58,83 sd) por hectare no habitat *Phoenix sylvestris* (Quadro 4.2), com uma diversidade de 1,21 e uma riqueza de 3,46; enquanto que a densidade média de aves de 3,49 (± 4,08 sd) por hectare foi registada no habitat de prados (Quadro 4.3), com uma diversidade de 1,213 e uma riqueza de 5,895 (Fig. 4.5). A densidade média de aves aquáticas foi registada em 10,84 (± 10,14 sd) por hectare (Quadro 4.4), com uma diversidade de 0,856 e uma riqueza de 2,092 no habitat de zonas húmidas (Fig. 4.5). A composição das espécies de aves aquáticas está representada na Fig. 4.6. Os membros da família Anatidae representaram 24% do total, enquanto que famílias como Motacillida, Rallidae e Gruidae representaram apenas 1% das aves aquáticas. As espécies de aves aquáticas da família Anatidae que mais contribuíram para a composição da avifauna foram o pato-bravo, o marreco e o marreco-comum, entre as migradoras, enquanto que o pato-de-bico-vermelho e o marreco-pequeno estavam entre as residentes.

Quadro 4.2 Densidade de aves por hectare no habitat de *Phoenix sylvestris*.

S. No.	Species name	Density/ha
1	Pied Bushchat	89.48
2	House Crow	275.52
3	Laughing Dove	29.50
4	Green Bee-eater	30.57
5	Indian Silver Bill	82.94
6	Jungle Babbler	8.92
7	Red Collard Dove	100.75
8	Large Grey Babbler	23.89
9	Ring Dove	84.13
10	Red Throated Flycatcher	31.85
11	Rose Ringed Parakeet	63.69
12	Ashy Prinia	18.87
13	Rufous Treepie	63.69
14	Barn Owl	7.96
15	Black Drongo	41.38
16	Dusky Eagle Owl	10.19
17	Indian Roller	1.27
18	Tree Pipit	127.39
19	Brown Rock Chat	99.52
20	Greater Coacal	1.27
21	Yellow Footed Green Pigeon	14.15
22	Red Vented Bullbul	10.19

23	Hoopoe	23.89
24	Forest Owlet	99.52
25	Black Partridge	10.19
26	Indian Bush Lark	28.31

Tabela 4.3 Densidade de aves por hectare em habitat de pastagem.

S. No.	Species name	Density/ha
1	Black Drongo	13.95
2	House Crow	11.13
3	Brown Rock Chat	3.73
4	Pied Bush Chat	13.08
5	Red Vattled Lapwing	2.86
6	Greater Short toad Lark	2.86
7	Black Shoulderd Kite	0.71
8	Green Bee-eater	11.03
9	Ring Dove	1.10
10	Large Grey Babbler	1.30
11	Pariah Kite	0.20
12	Long Tailed Shrike	0.24
13	Crested lark	2.86
14	Paddy Field Pipit	3.70
15	Jungle Babbler	8.57
16	Indian Silver-bill	1.90
17	Indian-bush Lark	1.90

18	White Breasted Lark	0.26
19	Red Collard Dove	1.43
20	Laughing Dove	0.71
21	Fantail Warbler	0.69
22	Tree Pipit	0.95
23	Blue Tailed Bee-eater	1.14
24	Red Vented Bulbull	1.71
25	Pied Myna	4.97
26	Grey Partridge	0.36
27	Zitting Cisticola	2.86
28	Greater Coacal	1.43

Quadro 4.4 Densidade de aves aquáticas por família em habitat de zonas húmidas.

S. No.	Families	Density
1	Anatidae	29.18
2	Phalacocoracidae	11.98
3	Threskiornithidae	9.96
4	Ardeidae	14.50
5	Charadridae	16.63
6	Gruidae	0.68
7	Recurvirostridae	26.35
8	Motacillidae	0.78
9	Rallidae	5.83
10	Jacanidae	1.08
11	Ciconidae	2.05

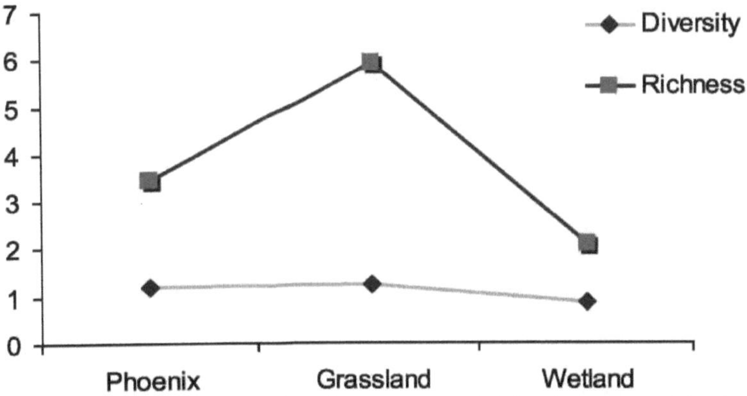

Fig. 4.5 Valores de diversidade e riqueza para os habitats terrestres e húmidos.

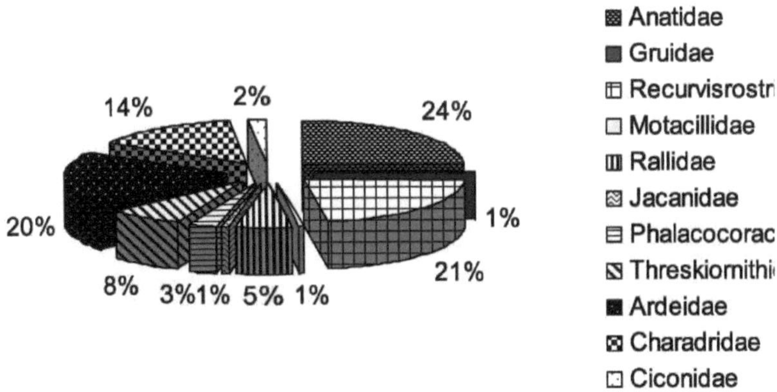

Fig. 4.6 Composição das espécies de aves aquáticas na zona húmida de Surajpur

4.4 Discussão

Os dados apresentados nos resultados acima indicam claramente que a comunidade de aves sofreu alterações consideráveis na composição e diversidade total das espécies. A zona húmida de Surajpur é uma importante área de congregação de aves, uma vez que suporta um grande número de espécies de aves aquáticas residentes e migratórias, proporcionando um habitat crítico para aves aquáticas como o pato-trombeteiro *A. clypeata,* a marrequinha-comum *A. crecca, o* marreco *Anas querquedela,* etc. durante o inverno, servindo assim como um importante local de invernada. A presença de Gargany *Anas querquedela* no início e antes da migração de regresso indica que utilizam este sítio como local de estadia. A zona também alberga grandes concentrações de patos residentes, como o pato-de-rabo-alçado *A. poecillorhyncha* e o marreco assobiador *Dendrocitta javanica.*

A zona húmida também suporta espécies da Lista Vermelha da IUCN e fornece habitats de reprodução e invernada para várias aves aquáticas, como o grou de Sarus *Grus antigone*, que é uma espécie vulnerável, o íbis branco *Threskiornis aethiopa* (vulnerável), o abutre do Egito *Neophron percnopterus* (em perigo), etc. As zonas periféricas desta zona húmida fundem-se com o habitat de matagal terrestre dominado por *Phoenix sylvestris, Syzigium cumini, Terminalia arjuna* e habitat de pastagem que suporta um grande número de aves terrestres como corujas, pombas, tecelões, munias, chats, etc.

Devido às práticas de gestão do Departamento Florestal, a zona húmida foi deixada a secar durante três meses (de janeiro a março)
2009) e não se registaram aves aquáticas durante este período. No entanto, em abril, a zona húmida foi novamente recarregada e a diversidade de aves aquáticas começou a aumentar.
A importância da zona húmida de Surajpur pode aumentar com o tempo, uma vez que outros ecossistemas de zonas húmidas da região estão a perder gradualmente a sua importância para a avifauna devido a pressões antropogénicas.

CAPÍTULO 5

REFERÊNCIAS

ALI, S. (2002): The Book of Indian Birds, Thirteenth Revised Edition, Bombay Natural History Society, Oxford University Press, New Delhi.

AMBASHT, R.S. (1990): A Textbook of Plant Ecology. Student's Friends & Company Varanasi, U.P. Índia.

ANÓNIMO (1971): The Ramsar Convention on Wetlands of International Importance especially as Waterfowl Habitat. Frameworks for managing Wetlands of International Importance and other wetland sites Ramsar, Irão

ANÓNIMO (2007): Conservation of Wetlands in India: A Profile, Approach and Guidelines. Conservation Division-I Ministry of Environment and Forest, Govt, of India, New Delhi.

ANÓNIMO (2009): WWF-INDIA: Development and Management of Surajpur Wetland Biodiversity Habitat and Wetland Park. An update with Preliminary Observations [Uma atualização com observações preliminares]. WWF-Índia, Nova Deli. Pp. 12.

BELAL, S.M. (2007): A preliminary study on community structure of terrestrial birds of Tai Chhapar Wildlife Sanctuary, Churu, Rajasthan, India. Dissertação de Mestrado. Departamento de Ciências da Vida Selvagem da A.M.U. Aligarh.

BURNHAM, P.K., R.B. CRAIN, L.J. LAAKE & D.R. ANDERSON (1979): Guidelines for Line Transect Sampling of Biological Populations. *Journal Of Wildlife Management 43 (1):* 70-78

BURNHAM, P.K., L.J. LAAKE & D.R. ANDERSON (1980): Estimativa de densidade de linha de amostragem de transecto de população biológica. *Wildlife Monograph 72.*

CHAMPIAN, H.G. & S.K. SETH (1968): The revised survey of the Forest Types of India. Diretor de Publicações. Governo da Índia. Nova Deli. 404 Pp.

CHAUHAN, M. & B. GOPAL (2005): Vegetation structure and dynamics of a floodplain wetland along a Subtropical regulated river, Journal of River Research and Applications, School of Environmental Studies, Jawaharlal Nehru University, New Delhi, India. Pp. 861-864.

CLARKE, R. (1994): The pollution of lakes and reservoirs (UNEP environment library, no. 12). Nairobi, Quénia: Programa das Nações Unidas para o Ambiente.

COWARDIN L.M., V. Carter, F.C. Golet, & E.T. LaRoe (1979): Classification of wetlands & deepwater habitat of the United States, USFWS, Washington D.C. USA.

DAVIS, T.J. (1994): The Ramsar Convention Manual. Quarta edição, Gabinete da Convenção de Ramsar, Ramsar Irão.

DOMBOIS, M.D. & H. ELLENBERG (1974): Aims & Methods of Vegetation Ecology, John Wiley & Sons, Londres. 547 Pp.

EMLEN, J.T. (1971): Population Densities of Birds Derived from Transect Counts. *The Auk 88:*323-342.

GRIMMET, R., C. INSKIPP & T. INSKIPP (2000): Pocket Guide to the birds of the Indian Sub-continent, Oxford University Press, New Delhi. 384 Pp.

JAIN, S.K. & R.R. RAO (1977): A Handbook of field and Herbarium Methods. Today and Tomorrow's Printers and Publishers, Nova Deli.

JAVED, S. (1996): Study on Bird Community Structure of Terai Forest in Dudhwa National Park. Tese de doutoramento, Departamento de Ciências da Vida Selvagem da Universidade Muçulmana de Aligarh, Aligarh.

KARR, J.K. (1976): Diversidade aviária dentro e entre habitats na ecologia de habitats africanos e de terras baixas geotropicalmente. *Wildlife Monograph* 46:457-481.

KREBS, C.J. (1989): Ecological methodology. Nova Iorque: Harper Collins Publishers Inc. 654 Pp.

JAVED, S. & R. KAUL, (2002): Field Methods for Bird Surveys. Bombay Natural History Society; Department of Wildlife Science, Aligarh Muslim
Universidade e Associação Mundial de Faisões, Gabinete Regional da Ásia do Sul, Nova Deli.

ISLAM, M.Z. & A.R. RAHMANI (2004): Important Bird Areas in India: Priority Sites for conservation. Indian Bird Conservation Network: Sociedade de História Natural de Bombaim e Birdlife International, Reino Unido.

ISLAM, M.Z. & A.R. RAHMANI (2008): Potential and existing Ramsar sites in India (Sítios Ramsar potenciais e existentes na Índia). Rede indiana de conservação das aves: Bombay Natural History Society, Birdlife International e Royal Society for Protection of Birds. Oxford University Press, Nova Deli. 592 Pp.

MOULIK, S. (1997): The Grasses and Bamboos of India. Vol I-II. Scientific Publishers, Jodhpur.

PATHAK, E. (2005): Baseline Assessment of Avifaunal population of Asan Barrage and Bhimgoda Barrage in Uttaranchal. Dissertação de Mestrado, Universidade Gurukul Kangri, Haridwar.

PRASAD, V.P., D. MASON, J.E. MARBURGER & E. JOY (1996): Illustrated Flora Of Keoladeo National Park, Bharatpur: Rajasthan: A General Guide To The Wetland Flora, BNHS, Oxford University Press, New Delhi.

RAMACHANDRAN, T.V. (2001): Grupo de Investigação de Zonas Húmidas, Centro de Ciências Ecológicas, Instituto Indiano de Ciência, Bangalore, Índia.

RODGERS, W.A., H.S. PANWAR & V.B. MATHUR (2000): Wildlife Protected area network in India: a review (executive summary). Instituto de Vida Selvagem da Índia. Dehradun.

ROTENBERY, J.T. (1985): The Role of Habitat in Avian Community Composition: *Physiognomy of Floristics 67:*213-217.

SHARMA, N. & S.P. JOSHI (2008): Present status of floristic diversity of Mothronwala Swamp Forest of Doon Valley. *Journal of Bombay Natural History Society 105(1):* 34-42.

PRASAD, S.N., T.S. GUPTA, A. KUMAR, V.S. VIJAYAN & A.K. TIWARI (2001): Wetland Conservation: Issues and Application, Salim Ali Centre for Ornithology and Natural History, Coimbatore, Índia.

SRIDHARAN, U. (1989): Comparative ecology of resident ducks in Keoladev National Park, Bharatpur. Dissertação de doutoramento, Universidade de Bombaim, Bombaim. 31-35

VERMA, A. (2009): Ocorrência e abundância de aves aquáticas no reservatório de Bundh Baretha, Bharatpur, Noroeste da Índia. *Indian Birds 4 (5):* 150- 153 (2008).

VIJAYAN, V.S. (1988-1990): Final report, Keoladev National Park, Ecology Study, Bombay Natural History Society, Bombay.

VIJAYAN, V.S., S.N. PRASAD, L. VIJAYAN & S. MURLIDHARAN (2004): Inland Wetlands of India-Conservation Priorities. Salim Ali Centre for Ornithology and Natural History, Coimbatore, Índia.

Annexure I. Enumeration of Plant Species of Surajpur Wetland			
DICOT	Species Name		
Family	Scientific Name	Vernacular Name	Habit
Ranunculaceae	*Ranunculus scleratus*	Jal Ghas	HB
Papaveraceae	*Argemone mexicana*	Satyanasi	HB
Menispermaceae	*Cissampelos parriera*		HB
Brassicaceae	*Coronopus didymus*		HB
Capparidaceae	*Capparis separia*	Karel	SB
Cariophyllaceae	*Spergula arvensis*		HB
Aizoaceae	*Trianthema partulacastrum*	Santi	HB
Malvaceae	*Urena lobata*	Urchanti	SB
	Abutilon indicum	Kanghi	SB
	Sida cordata		CR
	S. veronicifolia		HB
	S. rhombifolia		HB
	Malvestrum tricuspidatum		HB
Tiliaceae	*Triumphetta rhomboidea*		SB
Oxalidaceae	*Oxalis corniculata*	Khatti-meethi	HB
Fabaceae	*Trifolium repens*		HB
	Pangamia pinnata	Karanj	TR
	Vicia sativa	Akri	HB
	Mellilotus indica	Murara	HB
	Rhynchosia minima		CR

	Clitoria ternatea		HB
	Acacia nilotica	Babool	SB
	Prosopis juliflora	Kiker	SB
	Delonix regia	Gulmohar	TR
	Albizzia lebbeck	Sers	TR
Ceasalpiniaceae	*Cassia occidentalis*		HB
	Dalbergia sisso	Shisham	TR
Mimosaceae	*Pithecillabium dus*	Jungle jalebi	SB
Cannabaceae	*Cannabis sativa*	Ganja	HB
Combretacea	*Terminalia arjuna*	Arjun	TR
Myrtaceae	*Syzigium cumini*	Jamun	TR
	Eucalyptus globosus	Eucalyptus	TR
Onagraceae	*Ludwigi sp.*		HR
Rhamnaceae	*Ziziphus mauritiana*	Ber	SB
	Ziziphus nummularia	Jhar ber	SB
Apiaceae	*Centella asiatica*	Mandukparni	CR
Asteraceae	*Solevia anthemifolia*		HB
	Breea arvensis		HB
	Gnaphalium paulicaulon		HB
	G. pulvinatum		HB
	Launea procumbens	Gobi	HB
	Circium arvens	Katela	HB
	Eclipta alba	Bhringraj	HB
	Vernonia sinerea		HB

	Sonchus arvensis		HB
	Sonchus oleracious		HB
	Parthenium hysterophus	Gajar ghas	HB
Lentibulariaceae	*Utricularia exoleta*		HB
Primulaceae	*Anagallis arvensis*		CR
Asclepiadaceae	*Calotopis procera*	Aak	HB
Convulvulaceae	*Ipomea fistulosa*	Bilyati Aak	HB
	Ipomea aquatica	Nari	HB
	Evolvulus nummularia		CR
Solanaceae	*Nicotiana plumbaginifolia*	Jungle Tamaku	HB
Scrofluriaceae	*Veronica anagallis-aquatica*		HB
	Masus pumelus		HB
	Bacopa monnieri		CR
	Limnophila indica		HB
Acanthaceae	*Hemigraphis herta*		HB
Verbenaceae	*Lantana camara*	Leltena	SB
	Phyla nudiflora		HB
Lamiacaea	*Salvia bleibia*		HB
	Anisomellis indica		HB
	Ocimum canum	Van Tulsi	HB
	Salvia anthemifolia		HB
Nyctaginaceae	*Boerhavia diffusa*		HB
Amaranthaceae	*Alternanthera pheloxiroides*	Bel	HB
	Achyranthus aspera	Chirchita	HB

Chenopodiaceae	*Chenopodium murale*	Karthua	HB
	Chenopodium album	Bathua	HB
	C. menspeleusis		HB
	Sueda meritima		HB
Polygonaceae	*Polygonum barbatum*		HB
	Polygonum glabrum		HB
	Polygonum pleibium		HB
	Rumex dentatus	Jungli Palak	HB
Euphorbiaceae	*Phyllanthus raticulata*	Makhi	SB
	Euphorbia orbiculata		CR
Urticaceae	*Ficus infectoria*	Pilkhan	TR
Moraceae	*Morus alba*	Shahtoot	TR
MONOCOT			
Ceratophyllaceae	*Ceratophyllum demersum*		HB
Hydrocharitaceae	*Hydrilla verticillata*		HB
Liliaceae	*Vallisneria spiralis*	Waterlily	HB
Commelinaceae	*Commelina sp.*	Kana	HB
Arecaceae	*Phoenix sylvestris*	Khajur	TR
Typhaceae	*Typha angustata*	Patera	SB
	Typha elephantina	Patera	SB
Lemnaceae	*Lemna purpusilla*	Choti Kaye	HB
Araceae	*Wolffia arrhiza*		HB
	Spirodela polyrhiza	Kaye	HB
Pontederiaceae	*Eichhornea crassipes*	Jalkhumbhi	HB

Potamogetonaceae	*Potamogeton nodosus*		HB
Cyperaceae	*Carex fedia*		HB
	Cyprus scariosus		HB
	C. alopecuroides	Motha Patera	HB
	C. rotundus	Motha	HB
	C. difformis	Mothi	HB
	Eleocharis dulcis	Semi Ghas	HB
	E. palustris	Pyaji Ghas	HB
Poaceae	*Cynodon dactylon*	Doob	HB
	Polypogon menspeleusis	Kayvaye	HB
	Paspalum distichum	Moti Ghas	HB
	Desmostachya bipinnata	Dab	HB
	Avena sativa		HB
	Phalaris minor		HB
	Imperata cylindrica	Usir	HB
	Sachcharum spontaneum	Kas	SB
	Sachacharum ravennae	Pan, Sarkanda	SB
	Sporobolus diander	Kallar	HB
	Dichantium annulatum	Garga Ghas	HB
	Viteveria zizanoides	Khas	SB
	Echinocloa crusgalli	Sama	HB
PTERIDOPHYTES			
Equisetaceae	*Equisetum*		HB
Azollaceae	*Azolla*		HB
Marsileaceae	*Mersilea*		HB
Footnote: HB = Herb, SB = Shrub, CR = Climber, TR = Tree.			

Annexure II. Enumeration of Avifauna of Surajpur Wetland			
	Species name		
Family	**Scientific name**	**English name**	**Status**
Podicipitidae	*Tachybaptus ruficollis*	Little Grebe	R
Phalacrocoracidae	*Phalacrocorax niger*	Little Cormorant	R
	P. carbo	Great Cormorant	R
	P. fuscicollis	Indian Cormorant	R
Ardeidae	*Ardea cinerea*	Grey Heron	RM
	A. purpurea	Purple Heron	R
	A. alba	Large Egret	R
	Ardeola bacchus	Pond Heron	R
	Bubulcus ibis	Cattle Egret	R
	Egretta garzetta	Little Egret	R
	Egretta intermedia	Median Egret	R
Ciconidae	*Anastomus oscitans*	Asian Open-bill	R
	Ciconea episcopus	White-.0necked stork	R
	Mycteria leucocephala	Painted stork	R
Threskiornithidae	*Pseudibis papillosa*	Black ibis	R
	Threskiornis aethiopa	Oriental white Ibis	R
	Plegadis falcinellus	Glossy Ibis	R

Anatidea	*Anas acuta*	Northern Pintail	M
	A. poecilorhyncha	Spot-billed duck	R
	A. penelope	Eurasian Wigeon	M
	A. strepera	Gadwall	M
	A. platyrhynchos	Mallard	M
	A. crecca	Common Teal	M
	A. querquedula	Gargney	M
	A. clypeata	Northern Shoveller	M
	Sarkidiornis melanotos	Comb Duck	R
	Dendrocitta javanica	Lesser Whistling Duck	R
	Aythya ferina	Common Pochard	M
	Tadorna ferruginea	Ruddy Shelduck	M
	Anser indicus	Bar- headed Goose	M
Accipiteridae	*Milvus migrans*	Pariah kite	R
	Elanus caeruleus	Black-shouldered Kite	R
	Circus aeruginosus	Eurasian Marsh Harrier	M
	Neophron percnopterus	Egyptian Vulture	R
Phasianidae	*Pavo cristatus*	Indian Peafowl	R
	Francolinus pondicerianus	Grey Francolin	R
	F. francolinus	Black Francolin	R
Gruidae	*Grus antigone*	Sarus Crane	R

	G. grus	Common Crane	M
Rallidae	*Gallinula chloropus*	Common Moorhen	R
	Porphyrio porphyrio	Purple Swamphen	R
Jacanidae	*Metopidius indicus*	Bronze-winged Jacana	R
	Hydrophasianus chirurgus	Pheasant-tailed Jacana	R
	Amaurornis phoenicurus	Whiteb-reasted Waterhen	R
Charadridae	*Tringa. glareola*	Wood Sandpiper	M
	T. hypoleucos	Common Sandpiper	M
	T. nebularia	Common Greenshank	M
	T. ochropus	Green Sandpiper	M
	T. totanus	Common Redshank	M
	T. stagnatilis	Marsh Sandpiper	M
	T. erythropus	Spotted Redshank	M
	Vanellus indicus	Red-wattled Lapwing	R
	V. vanellus	Northern Lapwing	M
	V. leucurus	White-tailed Lapwing	M
	Philomachus pugnax	Ruff	M
	Charadrius dubius	Little Ringed Plover	R
	Calidris minuta	Little Stint	M
	C. temminckii	Temminick Stint	M
Rostratulidae	*Gallinago gallinago*	Common Snipe	M

Recurvirostritidae	*Himantopus himantopus*	Black-winged Stilt	R
Burhinidae	*Burhinus oedicnemus*	Eurasian Thicknee	R
Columbidae	*Columba livia*	Rock Pigeon	R
	Treron phoenicoptera	Yellow-footed Green Pigeon	R
	Streptopelia tranquebarica	Red Collared Dove	R
	S. dacaocta	Ring Dove	R
	S. senega1ensis	Laughing Dove	R
Psittacidae	*Psittacula krameri*	Rose-ringed Parakeet	R
	P. eupatria	Alexendrine Parakeet	R
Cuculidae	*Centropus cinensis*	Greater Coucal	R
	Eudynamys scolopacea	Asian Koel	R
	Cacomantis passerinus	Grey-bellied Cuckoo	R
	Hierococcyx varius	Common Hawk-cuckoo	R
Strigidae	*Bubo coromandus*	Dusky Eagle Owl	R
	Tyto alba	Barn Owl	R
	Athene brama	Spotted Owlet	R
Alcedinidae	*Ceryle lugubris*	Pied Kingfisher	R
	Halcyon smyrensis	White-breasted Kingfisher	R
	Alcedo atthis	Common Kingfisher	R
Meropidae	*Merops orientalis*	Green Bee-eater	R
	M. philippinus	Blue-tailed Bee-eater	M

Coracidae	*Coracias benghalensis*	Indian Roller	R
Upupidae	*Upupa ipops*	Hoopoe	R
Capitonidae	*Magalaima zeylanica*	Brown-headed Barbet	R
Picidae	*Dinopium benghalense*	Black-rumped Flameback	R
Alaudidae	*Mirafra erythroptera*	Indian Bush Lark	R
	Calendrella brachydactayla	Greater Short-toad Lark	RM
	Galerida cristata	Crested Lark	R
Hirundinidae	*Hirundo smithii*	Wire-tailed Swallow	RM
Danidae	*Lanius schach*	Long tailed Shrike	R
Oriolidae	*Oriolus oriolus*	Eurasian Golden Oriole	R
Dicruridae	*Dicrurus macrocircus*	Black Drongo	R
Sturnidae	*Acridotheres tristis*	Common Myna	R
	A. ginginianus	Bank Myna	R
	Sturnus contra	Asian-pied Starling	R
Corvidae	*Corvus macrorynchus*	Jungle Crow	R
	C. splendens	House Crow	R
	Dendrocitta vagabanda	Rufous Treepie	R
Irenidae	*Aegithina tiphia*	Common Iora	R
Picnonotidae	*Picnonotus cafer*	Red-vented Bulbul	R
Muscicapidae	*Turdoides striatus*	Jungle Babbler	R
	T. malcolmi	Large Grey Babbler	R

	T. caudatus	Common Babbler	R
	Ficedula parva	Red-throated Flycatcher	M
	Terpsiphone paradisi	Asian Paradise Flycatcher	RM
	Scotocerca inquieta	Streaked Scrub Warbler	R
	Luscinia svecica	Blue Throat	M
	Saxicoloides fulicata	Indian Robin	R
	Copsychus saularis	Oriental Magpie Robin	R
	Luscinia brunnea	Indian Blue Robin	R
	Cercomela fusca	Brown Rock Chat	R
	Saxicola caprata	Pied Bush Chat	R
	S. torquata	Common Stone Chat	R
	Prinia inornata	Plain Prinia	R
	P. socialis	Ashy Prinia	R
	P. buchanani	Rufous-fronted Prinia	R
	Cisticola juncidis	Zitting Cisticola	R
Motacillidae	*Motacilla citreola*	Citrine Wagtail	M
	M. flava	Yellow Wagtail	M
	M. cinerea	Grey Wagtail	M
	M. alba	White Wagtail	M
	Anthus rufulus	Paddy-field Pipit	M
	A. campestris	Tawny Pipit	RM

	A. trivialis	Tree Pipit	RM
Ploceidae	*Passer domesticus*	House Sparrow	R
	Ploceus benghalensis	Black-reasted Weaver	R
	Amandava amandava	Red Avadavat	R
	Lonchura punctulata	Scaly-breasted Munia	R
	L. malabarica	Indian Silverbill	R
	Orthotomus sutorius	Common Tailorbird	R
Footnote: M = Migrant, R = Resident, RM = Resident Migrant			

MIX
Papier aus verantwortungsvollen Quellen
Paper from responsible sources
FSC® C105338

Printed by Books on Demand GmbH, Norderstedt / Germany